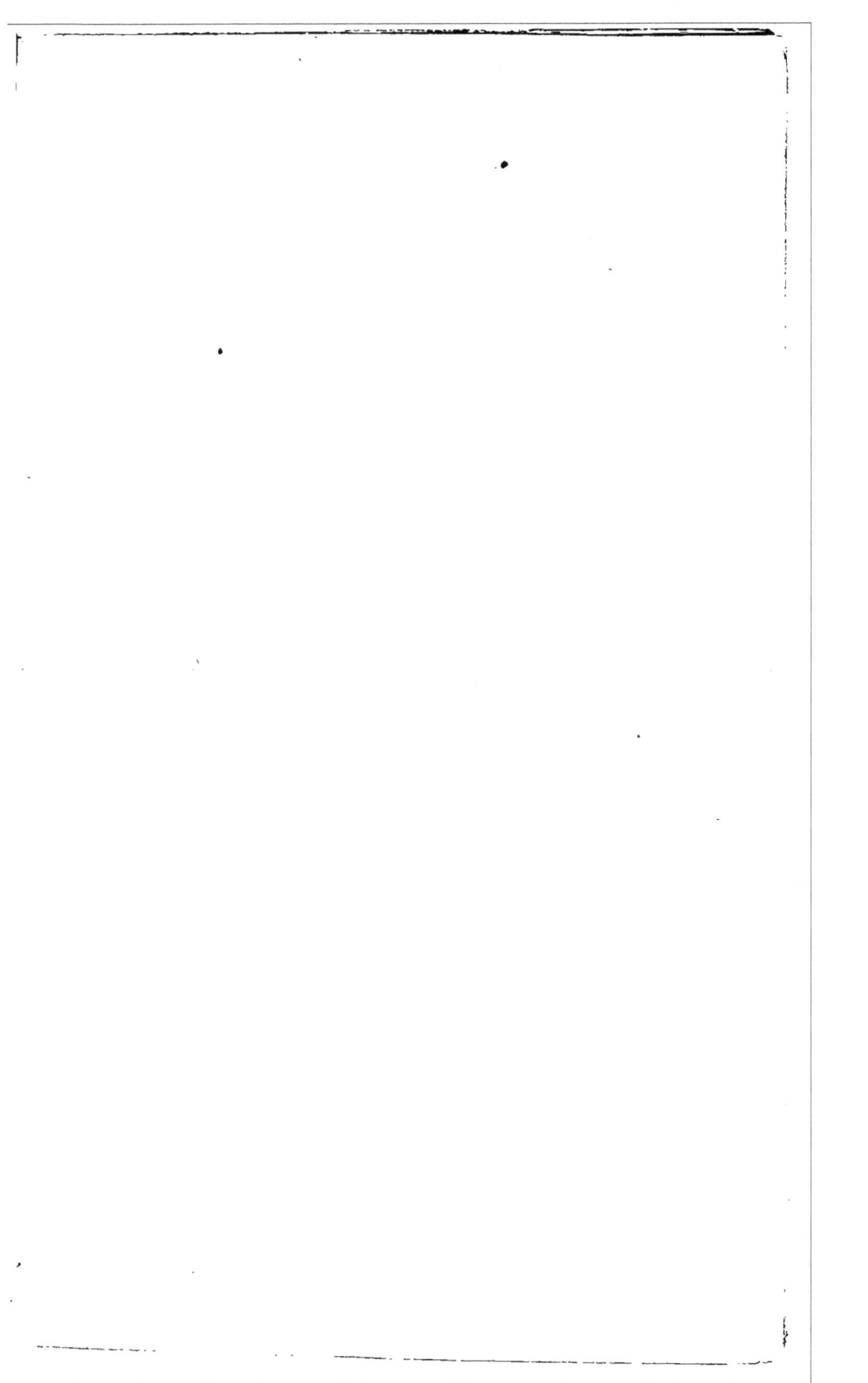

ADVIS
AVX CVRIEVX
DE LA
CONSERVATION
de leur veüe.
SVR LES LVNETTES
Dyoptiques, nouuellement mises en
vsage, pour l'vtilité publique.

Par IACQVES BOVRGEOIS,
*Maistre Miroittier, Lunetier du Roy,
en la ville de Paris.*

A PARIS.
Et se vendent chez ledit Bourgeois, ruë
sainct Denys, en sa Bouticque contre
l'Eglise S. Iacques de l'Hospital.
M. DC. XLV.
Auec Priuilege du Roy.

ADVIS AV
LECTEVR.

E n'estoit pas mon dessein de donner cet aduis, sans l'accompagner d'vn Traitté de l'Art de la Verrerie, tiré de Theorie, & Pratique des Principes de la Chymie ; mais de puissantes raisons m'y ayant obligé, ie n'ay peu m'en desdire en attendant ledit traitté, dans lequel ie fais voir que les Philosophes Hermetiques se sont esgáyez à embarrasser & donner le change à leurs Lecteurs par les liures qu'ils ont composé sur les trois Principes, Souffre, Mercure & Sel contenu dans les feces, ou Teste morte, qui enferme & comprend celuy de la Vitrification qu'ils ont

A ij

teu, afin de n'eſtre point obligez de reue-
ler les Myſteres, & tenir ainſi plus caché
le ſecret de leur œuure, comme eſtant la
Baſe & Fondement de toute la Nature:
à quel Principe ie découre celuy du Verre, & de ſa Nature; l'enſeigne le moyen
de l'en tirer & le purifier, de quelles matieres on le peut compoſer, iuſques à celles
des Pierreries, le façonner pour toutes ſortes d'ouurages, auſquels la curioſité &
l'artifice l'ont faiĉt ſeruir, luy donner toutes couleurs (leſquelles i'applique ſur les
Tailles-douces eſmaillées de toutes celles
de l'Arc-en Ciel, ou queuë de Paon) à
fin d'imiter les Pierres precieuſes, tant en
leur couleur, que dureté, & des plus agrea-
bles à la veuë, de la façon du Four, des
Outils, Matieres, & toutes les circonſtan-
ces qui ſe rencontrent en la manufaĉture &
application du Verre & Emaux. Comme
auſſi ie traitteray de l'induſtrie & compoſition de pluſieurs ſortes de Miroirs &

Lunettes; le tout approuué par les mieux verſez en Mathematique, & fondé ſur les vrais principes de la Nature & de l'Optique: & marqueray les defauts & imperfections qui ſe rencontrent és Miroirs & Lunettes ordinaires, pour faire euidemment cognoiſtre l'aduantage que l'on reçoit de l'vſage des Dioptiques, faiſant voir par les raiſons de leur forme, proportion, & compoſition, qu'elles ſont excellentes, naturelles, & leurs effects tres-certains & infaillibles : contre les ſentimens des ignorans, & la malice de ceux qui pour les deſcrier en ont de mauuaiſes, & en expoſent en vente à mon imitation, de concaues, mais de verres ſoufflez & moulez, & mal trauaillez, ſans auoir la naturelle proportion du concaue au connexe, & ſi fauſſes, qu'au lieu de repreſenter les lettres de meſme grandeur & groſſeur dans toute l'eſtenduë du Verre ou Cryſtal, elles les font paroiſtre inégales, panchantes, & en rondeur,

diminuant ou augmentant leur gross
depuis le centre ou milieu desdits Ver
iusques à leur bord ou circonference : de
quoy i'ay bien voulu aduertir le public, à
fin qu'il n'y soit point surpris & trompé,
& que telles fausses Lunettes faites par
ignorance ou par malice, & vendües par
enuie & mauuais dessein, ne puissent point
porter preiudice aux veritables Dioptri-
ques, & priuer le public du soulagement
& vtilité qu'il en peut receuoir, quand elles sont bien faites, côme celles que ie debi-
te. Notez que le concaue doit estre mis
du costé des yeux. Et c'est ce qui m'a prin-
cipalement obligé de donner cet Aduis, en
attendant mon Traitté de la Verrerie, qui
sera dans peu.

ADVIS AVX CVRIEVX

de la conservation de leur veüe, sur les Lunettes Dyoptiques, nouuellement mises en vsage pour l'vtilité publique. Par Iacques Bourgeois, Maistre Miroittier & Lunettier du Roy en la Ville de Paris.

LA Nature voulant former l'Oeil auec tant d'auantages, qu'elle le rendit vn de ses plus beaux chefs - d'œuures, n'a rien obmis de ce qui pouuoit contribuer à sa perfection, ny en sa matiere, ny en sa figure. Sa matiere, sont des humeurs, ou li-

queurs diaphanes de diuerses con-
siftences, enuelopees de peaux ou
tuniques aussi transparêtes & dis-
semblables. Sa figure est Spheri-
que, ou approchant, tant affin
que le mouuement en soit plus fa-
cile, que pour mieux receuoir les
especes ou representations des
objects dans le fond de l'œil sur
la retine, ou par le moyen du nerf
optique, dont elle est toute cou-
uerte, se fait la vision,

Mais comme les desseins de cette prudente Nature ne sont pas
tousiours si ponctuellement exe-
cutés, qu'il n'y suruienne plusieurs
manquements de la part du sub-
ject, ou par la mauuaise disposi-
tion de la matiere, ou par le defaut des causes secondes, il arriue
du changement aux figures & aux
qualitez de ces differentes hu-

meurs, en telle sorte que quel-
quesfois elles font plus plattes
qu'elles ne deuroient estre, quel-
quesfois plus rondes; d'où vient
que les images des choses qui doi-
uent passer à trauers, pour s'aller
terminer & peindre dans le fond
de l'œil n'y faisant pas leur representation parfaicte selon les ter-
mes de la Nature, la vision est de-
fectueuse, comme aux vieillards,
ou en ceux dont les humeurs des
yeux sont plus plattes qu'il ne fau-
droit pour estre dans la perfection, & qui pour cet effect ne
sçauroient voir de prés les ob-
jectz : Et en ceux qui pour les
auoir trop releuees & d'vne bosse,
ou rondeur trop petite, sont con-
train<ts> de regarder de prés ce
qu'ils veulent voir.

Pour à quoy remedier & cor-

riger ces deux manquements, ou
extremitez de la Nature corrom-
püe. l'Art & l'induſtrie des hommes ont fort adroictement inuen-
té de tailler le verre en deux ſortes
ou façons, dont, l'vne eſt creuſe
ou concaue, pour ſubuenir au
defaut de ceux qui ayant les yeux
comme longs & eſtroicts, ne peu-
uent voir que de prés : L'autre,
tout au côtraire, en boſſe ou conuexe, pour remedier à l'applaniſ-
ſement & eſlargiſſement des humeurs, ce qui ſuit ordinairement
la vieilleſſe : Et de ces deux ſortes
de verres ſeulement, les hommes
ſe ſont faicts juſques icy, comme
des yeux & organes artificiels,
qui ſont les Lunettes, affin de corriger les vices ou defauts des na-
turels, qui eſt vne fort ingenieuſe
& admirable inuention.

Or comme les Arts & sciences
necessaires se perfectionnent, en
y adjoustant ou diminuant, affin
de les rendre plus conformes à
l'ordre de la Nature, selon que, ou
les diuerses experiences, ou les
raisonnements necessaires en des-
couurent les secrets & l'intention : I'ay recherché vne troisiesme sorte de Lunettes, composee
des deux precedentes, dont les
verres fussent concaues du costé
des yeux, & conuexes de l'autre,
affin de faire des effects mitoyens,
entre les deux sortes cy deuant v-
sitées, & par ce moyen corriger
beaucoup d'imperfections & in-
conueniens qui en arriuent, soit
de la lueur, de la reflexion, ou de
la confusion & dissipation des es-
prits visuels, par l'vnion & im-
pression imparfaicte des rayons

de la lumiere, entrans en desordre
auec les especes des objects visi-
bles dans le fond de l'œil, & que
les verres de cette troisiesme sorte
estans plus approchans & conformes à la fabrique de l'œil que les
autres, ou du tout concaues, ou
du tout conuexes, soient aussi plus
propres à la naifue representation
des objects dans le fond de l'œil,
suiuant l'intention de la Nature.

Et d'autant que le costé conuexe desdites Lunettes est d'vne
figure circulaire plus petite que
des ordinaires; de là vient que les
especes sont plus facilement &
proportiõnémēt portees & vnies
au poinct de l'axe de la Sphere: les-
quelles especes estant receües au
costé concaue, se dilatent en telle sorte, que l'œil n'est point in-
commodé de l'immoderee lueur

& vnion defdites efpeces dilatées
par ledit concaue, pour vne plus
naturelle diftinctiõ d'icelles: d'où
s'enfuit que les rayons vifuels n'en
font ny offenfez , ny alterez , &
confequemment la veüe eft bien
plus long-temps fomentee , en-
tretenüe & conferuee en fa force
& vigueur, que par les ordinaires.

Ce qu'ayant tres- heureufe-
ment rencontré, practiqué & mis
en perfection ; i'ay creu n'en de-
uoir pas fruftrer le public , ny
tenir fecrette vne chofe fi impor-
tante & neceffaire.

Ayant donc trouué la vraye &
naturelle proportion du concaue
au conuexe, en laquelle confifte
l'excellence & la perfection de ces
Lunettes Dyoptiques ; i'en ay af-
forty pour toutes fortes d'aáges
& de veües, lefquelles, outre leur

proprieté speciale de soulager &
conseruer la veüe au delà des ordinaires, seruent encores indiffe-
remment au jour & à la chandel-
le, sans qu'on soit obligé d'en
prendre de plus ou moins aágées,
comme on l'est en se seruant des
autres.

Elles seruent aussi à en faire de
longue veüe, en les appliquant au
bout d'vn canon, & mettant à
l'autre bout vn autre verre concaue en distance proportionnee,
ainsi qu'on fait en semblables Lunettes : comme aussi pour voir les
especes & images des objects, rap-
portees & representees sur vn pa-
pier, ou linge blanc, en les mettant au trou d'vne fenestre, la
chambre estant au surplus close
& obscure : & finalement à faire
mieux qu'auec les ordinaires,

ij

toutes les gentilleſſes & curioſitez
que l'Optique enſeigne de faire
par les verres conuexes, comme
offre de le monſtrer à ceux qui en
deſireront achepter,

Voſtre tres-humble ſeruiteur, I. B.

Extraict du Priuilege du Roy.

PAR grace & Priuilege du Roy, il eſt permis à
Iacques Bourgeois, Maiſtre Miroitier, Lunetier du Roy à Paris, de faire imprimer, vendre &
debiter vn Liure intitulé *Aduis aux curieux de la
conſeruation de leur veüe, ſur les Lunettes Dyoptiques,
&c.* & ce pour le temps & eſpace de cinq ans, auec
defenſes à tous Imprimeurs & Libraires, & autres
de quelque qualité & condition qu'ils ſoient, de
l'imprimer ou faire imprimer, vendre & debiter,
ſans le conſentement d'iceluy Bourgeois, durant
ledit temps, ſur peine de cinq cens liures d'amen-
de, & de confiſcation des exemplaires, deſpens,
dommages & intereſts, ainſi qu'il eſt plus ample-
ment contenu audit Priuilege. Donné à Paris le
dixneufieſme iour de May, l'an de grace mil ſix
cens quarante cinq. Signé, Par le Roy en ſon Con-
ſeil, VIGNERON. Et ſcellé.

fiskl prsfsfeam de 12 la
strangeres // Ramus tue
Rablais cord tieu puis ...
me vin // Dalehamp suc
Auges daudtlig antivré ...

98

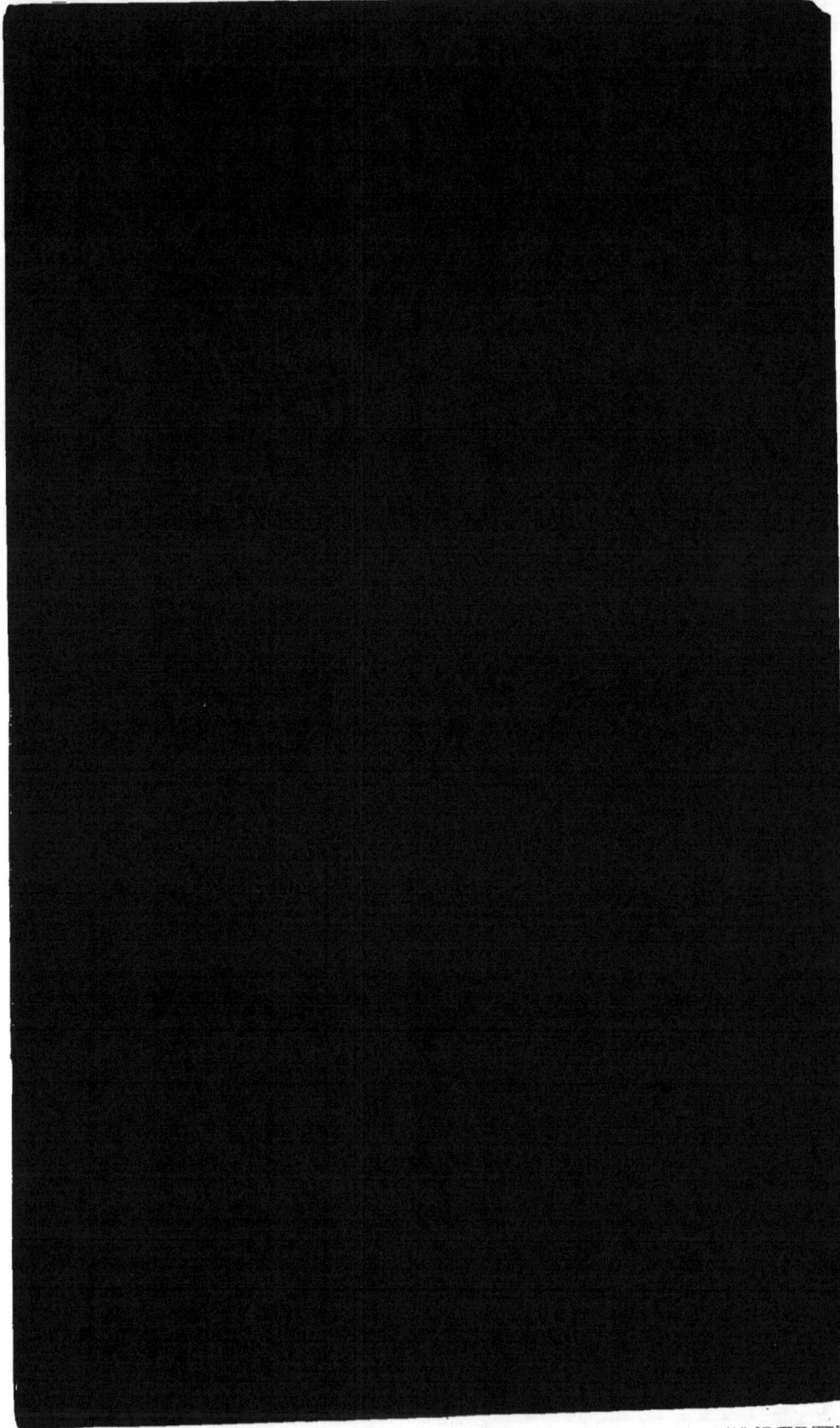